科 学 家 们 有 点 儿 忙

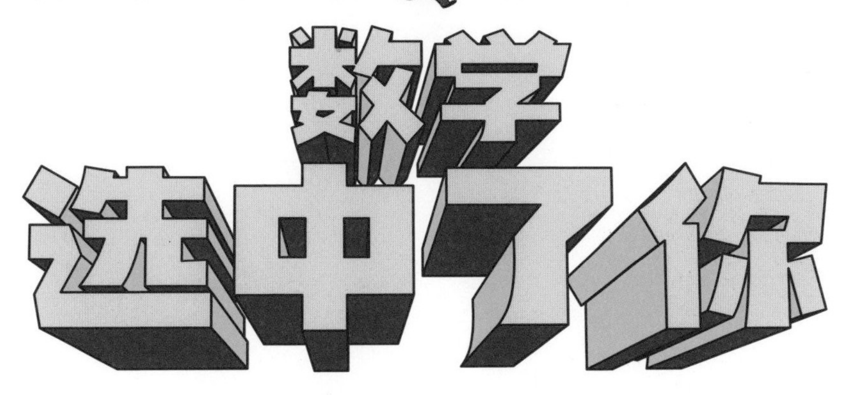

①数学是你想的那样吗

很忙工作室◎著　有福画童书◎绘

北京科学技术出版社
100 层 童 书 馆

3 岁发现父亲账目里的错误。

9 岁创立了“高斯求和”，也就是用简便算法计算从 1 到 100 的和。
1+2
98+99+100

15 岁开始质疑欧氏几何。

19 岁发现了正十七边形尺规作图的方法。
这是一个天赋异禀的孩子。

他就是
高斯！
高斯是世界上最重要的数学家之一，被誉为“数学王子”。
同时，他还是著名的物理学家、天文学家……
这么厉害的一位数学天才，我们一定不能“放过”他。关于数学，如果你有什么问题，尽管写信给高斯吧！他一定会给你一个满意的回答。
往下看之前，
请先想想：
数学是
什么？

数学……大概是我们生活中最抽象又最实用的一门学科。
瞧瞧你们寄来的这些信，原来你们对数学这么好奇！

今天的第一封信：高斯老师，我很崇拜您！我以后也要当一名数学家！

再看这一封：数学太难了，我最害怕的就是数学考试！

叮咚！
快递！

不管你喜不喜欢，数学都给我们提供了很多便利啊。

比如，在线购物、扫码支付等我们生活中常用的功能，它们的技术支持都离不开数学。
100

有些人天生对数学敏感，始终被数学眷顾，他们是“学霸”“天才”。
简单
深刻
天马行空
无懈可击
公式美

深奥
枯燥
数学简单吗？天马行空是什么意思？

我认为数学简单是因为，我能用一个方程描述苹果的运动轨迹，而且千千万万的现象都能用一个方程来描述。
每个人眼里的数学都不太一样，可谓“横看成岭侧成峰，远近高低各不同”。
牛顿
苏轼
为什么大家对数学的感受大相径庭呢？
我们先来了解一下数学是如何诞生和发展的，你可能会发现课堂上学到的只是数学中很小的一部分。

高老师，您终于来啦！我是曹冲。
我不是高老师，我是高斯！

曹冲？
就是《曹冲称象》那个故事里的曹冲。

咦？数学起源最早的考古证据！我放在哪里了？

非洲南部曾出土一根狒狒的腓骨，它距今约 37000 年，可能是当时的人类用来记录时间变迁的。
找到了！
哇，这根腓骨上刻了 29 个 V 型刻痕！

非洲南部伊尚戈地区也发掘出一根狒狒腓骨，它距今约 20000 年，上面有不对称的 3 列刻痕。
也可能只是为了增加抓握时的摩擦力！
这些刻痕也许是用来计算……

数字抽象概念的出现是早期数学发展的重要里程碑。
原始人在生活中会遇到许多数学问题。

别数了，都是5只！
别急！这个时候的人类还没有数字的概念，他们可不知道“5”是什么！

把5抽象出来是人类认识上一个巨大的进步，意味着数字抽象概念形成了。
看来他们意识到两个数量之间的共性了——5只！

高斯老师，请收我为徒！
那就快点儿跟上来！
美索不达米亚是亚洲三大人类文明发祥地之一。美索不达米亚文明是在两河流域的美索不达米亚平原发展出来的，包括苏美尔、巴比伦、亚达等众多文明。
美索不达米亚
公元前4000年

在人类早期文明探索的过程中，苏美尔人取得了非常高的数学成就。这些黏土板是他们数学发展的物证，上面记载了很多数学计算相关的内容。
还是用刻的方法……
黏土板方便书写和修改，又可以长时间保存，是一种非常实用的书写材料。

=1
=10
=2
=21
=3
=59

在中国，我们用这个！而且我们用的不是六十进制，而是十进制。
算筹
刚才的六十进制都被你看出来了！
算筹计数法是中国古代特有的记数方法。算筹是一些长短粗细相同的小棍，材质为竹子、木头或兽骨等。

算筹一般用纵横两种方式表示数字。
纵
横
1 2 3 4 5 6 7 8 9
6 7 0 8
明白啦！表示多位数时，个位用纵式，十位用横式，百位用纵式，以此类推，遇“0”则空！
没想到这小子还挺聪明的。哎哟！
老师，没事吧？
算筹在春秋战国时期已经普遍使用，直到明代算盘推广之后才逐渐被取代。

让我再来考考他。
你觉得早期数学最显著的特征是什么？
是实用性吧，比如记录动物数量！
您的信——

高斯老师：
我有一个问题……

古代人是怎么用数学解决具体问题的？
高老师！快点儿！

下一站就到古埃及了。古埃及人的书写载体是莎草纸。成书于3600年前的莎草纸卷《莱因德古本》和《莫斯科古本》上记载了诸多数学问题及其解答。

其中很多问题和分面包有关，这大概是由于古埃及还没有货币，人们把面包和啤酒当作交易中的等价物。
如何让10个人平分9片面包？
$\frac{1}{2}+\frac{1}{3}+\frac{1}{15}=\frac{9}{10}$

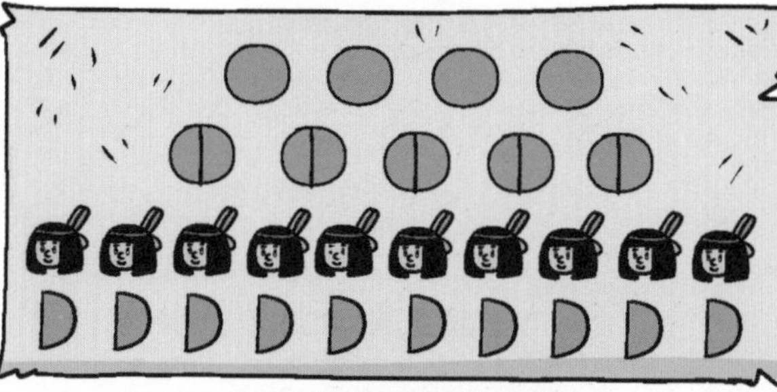

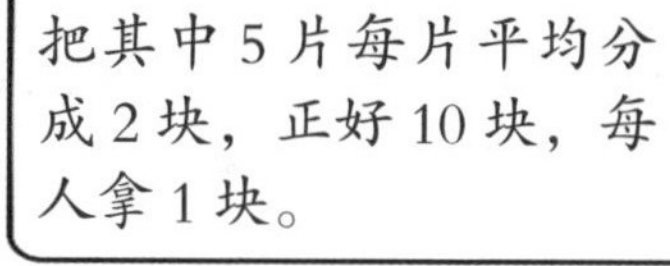

把其中5片每片平均分成2块，正好10块，每人拿1块。

把剩余4片每片平均分成3块，一共12块，每人再拿1块。

把剩下2块每块再平均分成5小块，这样每个人又可以再拿1块。

$\frac{1}{2}+\frac{1}{3}+\frac{1}{15}=\frac{9}{10}$，这样每个人分到的面包数量相等、大小相同。

我们这是到哪儿了？
公元前1000年左右的中国也有关于数学应用的记录……

勾广三，股修四，径隅五。
勾是小腿，股是大腿，这是用身体部位类比直角三角形中的两条直角边。
商高
周公
股修四
径隅五
勾广三

我们好像走错地方了。
嘘……它看起来好可爱啊。
《九章算术》中记载了这样一道题：有一根10尺高的竹子，折断之后末梢垂到了地面上，末梢离根部有3尺，问折断后剩下的竹子多高？

虚惊一场，总算走出来了。刚才的题目应该难不倒在看这本书的小朋友吧。
那是一定的。

加把劲儿!
在几乎所有的古代文明中，勾股定理都是被独立发现的。这是因为人们在丈量土地和建造房屋时，需要经常计算直角三角形的边长。

相传古埃及人用 12 段等长的绳子围成一个环形，然后把其中 5 段拉直，两端固定，把另一边的绳子拉到某一点拉紧，就构成了一个直角三角形。
我们把这样的绳套摆在地基上，用它来画出建造建筑所需的直角。

从公元前 500 年开始，希腊文明在数学方面取得了重大突破。泰勒斯、毕达哥拉斯、阿基米德……这些人的名字如雷贯耳，他们对数学学科的建立功不可没。
都是我的偶像！
您的偶像，那得多厉害啊！
这位是古希腊天文学家希帕克斯，被誉为“天文学之父”。
我用相似三角形定理估算出了地球半径为 3944.3 英里，地球到月球的距离为 238000 英里。
238000 英里
≈383024 千米
他的估算结果和实际数据相差无几。

曹冲？人呢？

别乱跑！你看什么呢！

《几何原本》把当时人类掌握的几何知识联结起来，使数学这门学科体系化，对后来整个欧洲的数学影响深远。直到今天，全世界中小学生学习的大部分几何知识，都囊括在这本两千多年前的书里。
几何原本
这是古希腊数学家、“几何之父”欧几里得。我们之前讲过的勾股定理也算几何定理。
他讲得太好了！我也想跟着他学！

中国古代的数学教育制度在隋唐时期建立。隋炀帝时，国子学改为国子监，从此国子监成为中国古代的教育管理机构和最高学府。到了唐朝，国子监设立了算学馆，数学成为科举考试的一部分，并且出现了给学生教授数学的专用教材。

在数学家们孜孜不倦地探索下，数学由一种从生产生活中总结出来的工具，逐渐演变，发展壮大……
刚才好像穿越错了。
阿基米德：几何学大师，计算圆周率的先驱。
我们现在又回到时空隧道了。看看这些数学大师！
花拉子密：代数之父，把阿拉伯数字推广到数学中。
都是鼎鼎大名的数学家啊！
祖冲之：首次将圆周率精确到小数点后七位。
牛顿：全才科学家，创立微积分。
笛卡儿：解析几何之父，创立坐标系。
哎呀，这位王子有点儿眼熟啊！
正是本人，
翰·卡尔·
德里希·高
高斯：数学王子，世界上最伟大的数学家之一。

又一封信！

能不能给我们讲一讲背景图里有线条的那两位数学家？
那不是线条！太复杂的你们也听不懂，我讲点儿简单的吧。

据说，法国数学家笛卡儿生病时还在思考将几何图形和代数方程结合起来的方法，也就是如何用数学公式描述一个物体在立体空间中的位置。
Z
Y
X
如果蜘蛛是一个点，把墙角延伸出来的3条线作为数轴，就能用数轴上3个具体的数表示蜘蛛这个点！

高斯老师小时候，
也许在跟我差不多
大的时候……

你知道的还
挺多啊！
我可是做了功
课才来的。

高斯小时候十分顽皮，但非常聪明，老师经常拿
他没办法。有一天，老师为了让吵闹的教室安静
下来，给顽皮的孩子们列了一个很难的算式：
1+2+3+4+5+6+……+100=？
高斯很快就算出了
答案。
（1+100）+（2+99）+（3+98）……+
（50+51），整个算式一共有 50 个 101，
所以答案就是 5050。
这种简便算法后
来被称作“高斯
求和”。

这条路还没有走完？
别急，不如看看周围有什么。
为了日常生活，人类发明了算术。
数学一步步向前发展，变得越来越厉害了。
为了丈量土地、计算面积，人类又发明了几何学。
为了量天测地，人类又发明了三角学。

随着时间的推移，人类面临的问题越来越复杂，但也有了更强大的数学工具推动社会的进步。
这些先进的技术真是带来了不少便利呀！
叮！

呦！开始用手机视频向我提问啦？

高斯先生，请问数学是如何让社会进步的呢？

现在，数学已经应用到了很多先进的科技领域，它就像一个工具库，其他学科都可以从这里找到自己需要的工具。
别着急，我接下来会慢慢讲的。
5G
AI

假如有一个比我们更高级的生物在看着我们，它会发现，和 2 万年或者 2000 年前的地球相比，现在的地球有了难以想象的进步。比如，现在我们坐飞机从中国最北端到最南端，一天的时间绰绰有余，但你能想象 2000 年前，甚至 200 年前要花多久吗?
没有数学就不会有其他学科，没有各学科的发展，社会就无法进步。
自然科学之
看那里!

自然科学之门

你知道怎么打开它吗？
用数学这把钥匙！
数学

数学从诞生的那一天起，就推动着天文学和物理学的发展。

天文学家托勒密提出了计算天体位置的数学方案。
太阳是围着地球转的。
2 世纪

解析几何与微积分等重要数学成果的诞生，对牛顿绝对时空观的横空出世大有助益。
时间和空间相互独立，互不影响。
17 世纪
时间
空间

1915 年
爱因斯坦的广义相对论让人类对于时间和空间的认知进入了全新的阶段。
时间空间
E=mc²
光速
时间和空间是相对的，光速在任何时候都是不变的。

1854 年
实际上，1854 年出现的黎曼几何的一些特征与广义相对论的模型是相似的，可以说它为广义相对论提供了数学基础。
我的几何世界是一个弯曲的空间，同一平面内任何两条直线都有交点，并且直线可以无限延长，但总的长度是有限的。

我想到了！古代中国的数学主要围绕着历算，研究天文的人往往也是数学家，这些人被称为“畴人”。
看来全世界的数学和天文学都是不分家的啊。

我们可以把数学理解为人的大臂，只靠它还够不到宇宙，但是我们还有作为小臂的物理学，以及最前面的手——
天文学！最后我们就是靠这只手触摸到了宇宙。
今天的宇宙学很大程度上是建立在爱因斯坦的广义相对论基础之上的，而广义相对论是以黎曼几何为基础的。没有数学中的黎曼几何，就没有爱因斯坦的广义相对论，也就没有今天的宇宙学。

高斯老师，那您觉得数学是什么呢？

数学太抽象了。不过，我们终于沿着这条抽象的数学之路回到了现实！

数学是连接人类抽象思维与现实世界的通道，它用抽象化的理论指导人类不断改造世界。
我发现大自然中也蕴藏着数学，雪花是完美的六边形！
n=1
n=2
n=3
它们的整体和部分是相似的，这在数学中叫分形。

说到相似，数学中有相似，自然界中也有相似。
大自然不会和人一样有思维吧。

一些植物的螺旋线，以及花瓣和树枝的生长，都表现出斐波那契数列的模式。
什么数列？我发现树枝的形状也很有意思。

斐波那契数列是13世纪的意大利数学家斐波那契通过“兔子问题”引申出的一种数列。兔子问题讲的是：有一对小兔子，它们两个月就能长成可繁殖的大兔子，大兔每月可以生一对小兔。一年以后，会有多少对兔子呢？
这个数列就是1，1，2，3，5，8，13，21，34……
从第3项起，每一项都是前两项之和。

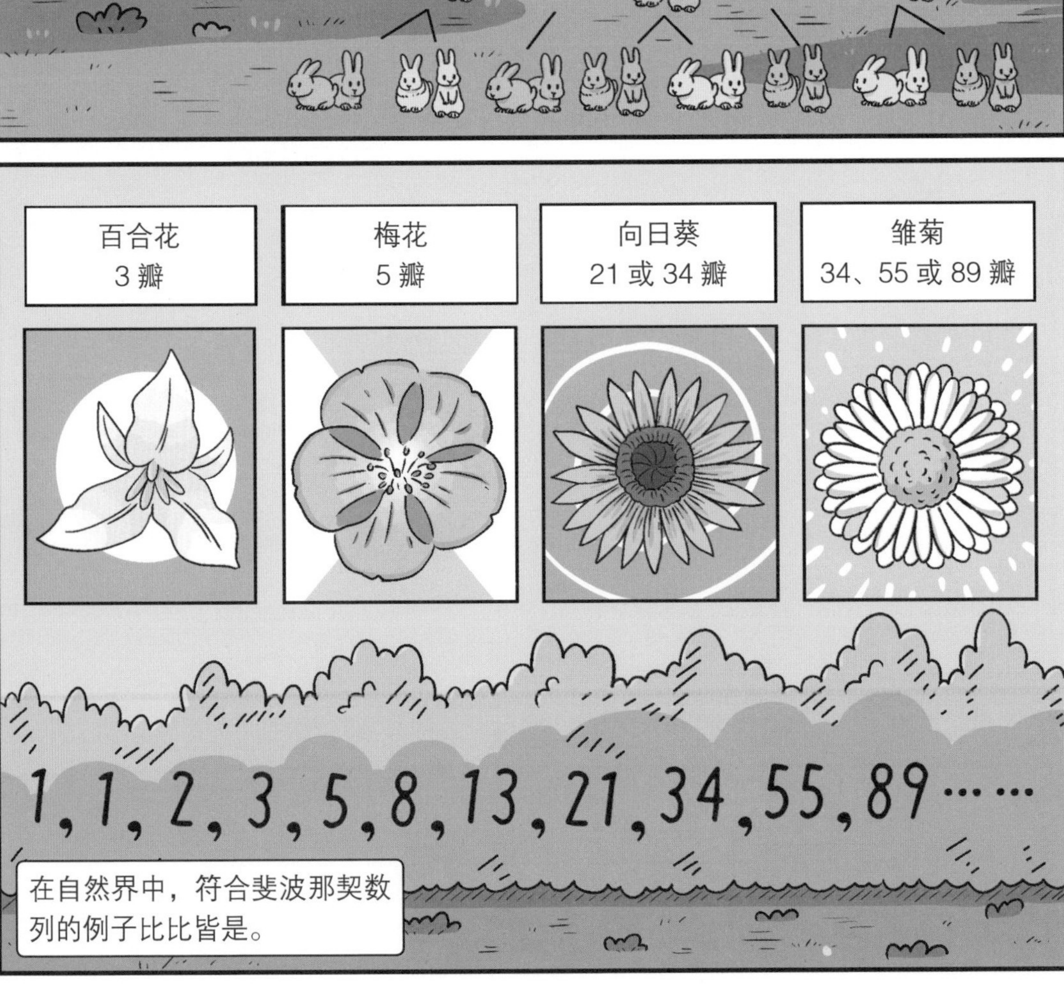
百合花
3瓣
梅花
5瓣
向日葵
21或34瓣
雏菊
34、55或89瓣
1，1，2，3，5，8，13，21，34，55，89……
在自然界中，符合斐波那契数列的例子比比皆是。

向日葵种子的螺旋线，左旋和右旋的数量都是斐波那契数。
34
21

左 13、右 8，松果的螺旋线也是！

斐波那契数列中还暗含着黄金比例。用后一个数字除前一个数字，随着数字的增大，你会发现这个比值越来越接近于黄金比例：1.61803。
真的是这样。小朋友，你也来试试吧！
5 ÷ 3
13 ÷ 8
21 ÷ 13
……
8
5
3
2
1
1
大自然和数学之间的神奇联系，一定在向人类暗示着什么……

等等我！
哪里来的音乐啊？
这个世界是由音乐的音符组成的，也是由数学公式组成的。音符加数学公式，就是真正完整的世界。

毕达哥拉斯发现，一根琴弦平均地在$\frac{1}{2}$、$\frac{1}{3}$、$\frac{1}{4}$处分段，音色最好。他由此得出，这个世界的和谐比例是 1∶2∶3∶4。
我找到了最好听的4个音！
Do—Fa-So-Do

中国古琴上13个琴徽的位置也存在严格的比例关系。
七徽位于有效弦长的$\frac{1}{2}$处，六徽和八徽在$\frac{3}{5}$和$\frac{2}{5}$处……
面板上嵌有13个圆点形标志，它们叫作徽，标记了按弦位置。
8
7
6
4/4
在乐谱上，有速度、节拍、全音符、二分音符、四分音符、八分音符等。一部完整作品的每一小节，都由不同长度的音符来构成固定的拍数。

除了音乐，艺术也与数学息息相关。文艺复兴时期，很多艺术家同时也是数学家，比如达·芬奇。
宇宙间的规律可以通过几何原理表现出来。
继续往右走。

文艺复兴时期的意大利画家弗朗切斯卡从几何原理中推导出透视画法，使二维空间的画布可以展现出三维的世界。
这就是一点透视画法！
透视画法改变了美术史。

19 世纪黎曼几何的出现，把四维时空的概念带到了美术界，立体主义、超现实主义等画派随之出现。
这是不同角度的图像，我把它们放到了同一个画面中。
哎哟！吓我一跳！
前面的透视画法是三
的，这幅画真的很像
曼的四维空间。

怎么回事？
这是超现实主义艺术家杜尚的某种艺术风格。
我把不同时间的人物形态定格在同一个空间。
终于到了数学派对的入口！
这是抽象派大师康定斯基的几何艺术。

数学是人类文明最核心、最抽象的知识源泉，是人类认知这个世界的基础。所以，我们每个人都需要学习数学知识，这是一件理所当然的事情。
现在，请你想一想，数学是什么呢？
刚才进来的时候，有人塞给我一封信。
还有来信？我下次再解答其中的问题吧。
再见！

我的数学笔记

目前全世界通用的计数方法是十进制，它的规则是满十进一，满二十进二，以此类推。但十进制并不是唯一的进制，还有十二进制、十六进制、六十进制，以及在计算机中用到的二进制等。

虽然十进制看起来风靡全球，但其他进制仍然存在于我们的生活中，只是我们没有注意到而已，比如：1英尺=12英寸，1分=60秒；在古代，一斤等于十六两，成语“半斤八两”就是这个十六进制的最好证明。

二进制的规则：逢二进一，所有的数字都用0和1来表示。

1 ▶▶▶▶ 1

2 ▶▶▶▶ 10

3 ▶▶▶▶ 11

4 ▶▶▶▶ 100

我的数学笔记

一张纸的平面是一个二维空间，只有长和宽，在这个空间中的物体位置非常好表示。我在这张纸上画一个圆点，再用尺子测量一下它距离纸的上沿和左侧边的距离，就能清楚、简单地表示出这个点在这张纸上的位置了。

但是我们生活的世界是一个很大的三维世界，也就是在二维平面的基础上增加一个高度，在这个空间中想要描述物体的位置，笛卡儿三维坐标系就派上用场了！我们可以把笛卡儿三维坐标系想象成一个立方体，这个立方体有三条轴，分别是 x 轴、y 轴和 z 轴，这三条轴交汇于原点，每个物体都可以用一组数字来描述它在这个立体空间中的位置。

在实际生活中，笛卡儿三维坐标系也有广泛的应用：在建筑工程中，建筑师用坐标系来描述和确定建筑物中的不同位置；在地理信息系统中，人们用坐标系来确定地理位置；在计算机图形学中，人们用坐标系来创建三维模型等。

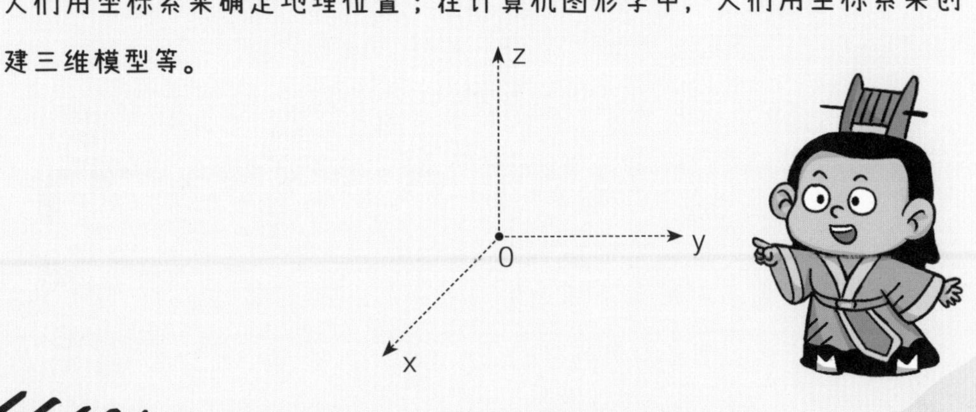

说起《周髀算经》，很多人知道它是因为著名的“勾股定理”。书中记载了商高和周公的一段话。商高说：“故折矩，勾广三，股修四，径隅五。”他的意思是：当直角三角形的两条直角边边长分别为3和4时，弦的长度就是5。

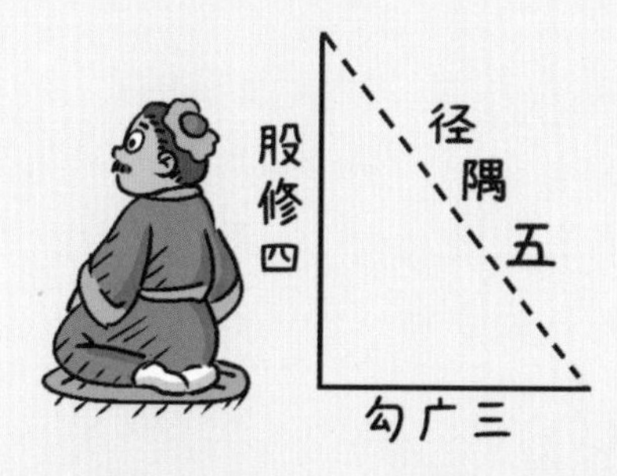

《周髀算经》既是中国古代的一部数学著作，也是一部天文学著作，体现了中国古代天文学和数学之间的紧密联系。《周髀算经》中有大量用数学方法进行天文测量的内容，比如书中记录了古人怎样用简便方法测量出太阳到地球的距离。

《周髀算经》还记载了古代人对于天地的认识，书里阐述了“盖天说”：天像盖笠，地法覆盆。这句话的意思是：天空就像一个大斗笠，而大地就像一个翻扣的盆。另外，书中还有关于二十四节气的完整记载，只是节气的排列顺序和今天的不太一样。可以说，《周髀算经》为中国古代天文学的发展打下了重要的基础。

我有一个问题

如果真的有外星人，他们的数学和我们的数学一样吗？

中国科学院院士
袁亚湘

如果有外星人，他们的数学和我们的数学不太可能完全一样。计数、加减乘除等基础数学知识或许是一样的，但外星人不一定使用十进制。关于圆、三角形、多边形等几何知识或许是一样的，但外星人对哪些图形有深入研究，可能和他们的星球的形状、附近星球的形状，以及这些星球上物体的形状有关。至于高等数学，很可能和我们的不太一样。

现实中的数学家每天都在做题、计算吗？

广义上讲，数学家一直都在做题、计算，但他们做题和计算的本质与学生们在学校学数学时所做的不同。他们不做其他人已经会做的题目，也不重复其他人已经做过的计算。准确地说，数学家做题其实是在“研究”，是对未知的东西进行探索。通常，研究一个问题需要几个月、几年，有的问题甚至需要更长时间，比如英国数学家怀尔斯解决费马大定理就花了十几年时间。

图书在版编目（CIP）数据

数学选中了你. 1, 数学是你想的那样吗 / 很忙工作室著 ; 有福画童书绘. —北京 : 北京科学技术出版社, 2023.12（2024.6重印）

（科学家们有点儿忙）

ISBN 978-7-5714-3199-0

Ⅰ. ①数… Ⅱ. ①很… ②有… Ⅲ. ①数学—儿童读物 Ⅳ. ①O1-49

中国国家版本馆CIP数据核字(2023)第156847号

策划编辑： 樊文静
责任编辑： 樊文静
封面设计： 沈学成
图文制作： 旅教文化
营销编辑： 赵倩倩　郭靖桓
责任印制： 吕　越
出 版 人： 曾庆宇
出版发行： 北京科学技术出版社
社　　址： 北京西直门南大街 16 号
邮政编码： 100035
电　　话： 0086-10-66135495（总编室）
0086-10-66113227（发行部）
网　　址： www.bkydw.cn
印　　刷： 北京宝隆世纪印刷有限公司
开　　本： 710 mm × 1000 mm　1/16
字　　数： 50 千字
印　　张： 2.5
版　　次： 2023 年 12 月第 1 版
印　　次： 2024 年 6 月第 6 次印刷
ISBN 978-7-5714-3199-0

定　　价：107.00 元（全 4 册）

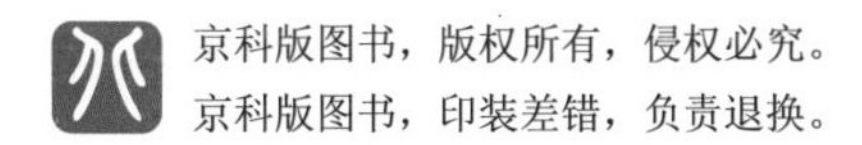